中国少儿百科

动物王国

尹传红　主编　　　苟利军　罗晓波　副主编

核心素养提升丛书

四川科学技术出版社

一 动物大世界

小朋友，你饲养过可爱的猫咪和狗狗，或者聪明机智的鹦鹉吗？这些宠物，都深受人们的喜爱。

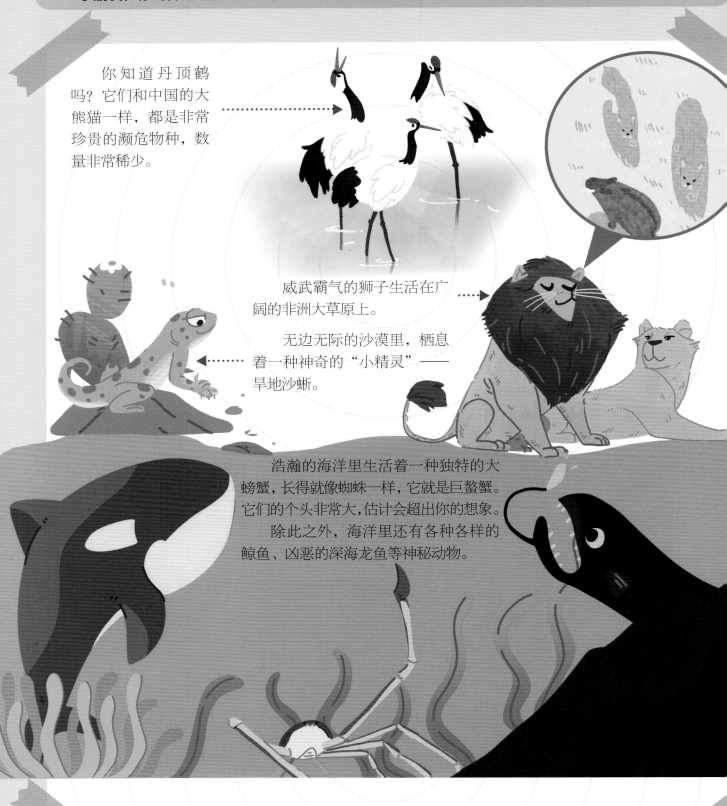

你知道丹顶鹤吗？它们和中国的大熊猫一样，都是非常珍贵的濒危物种，数量非常稀少。

威武霸气的狮子生活在广阔的非洲大草原上。

无边无际的沙漠里，栖息着一种神奇的"小精灵"——旱地沙蜥。

浩瀚的海洋里生活着一种独特的大螃蟹，长得就像蜘蛛一样，它就是巨螯蟹。它们的个头非常大，估计会超出你的想象。

除此之外，海洋里还有各种各样的鲸鱼、凶恶的深海龙鱼等神秘动物。

地球的北极和南极，被人们称为"极地"。那里虽然是冰雪的世界，但依旧生机勃勃，那里是北极熊、海象和企鹅的家园。

地球上的动物种类实在太多了，据统计，目前已知的动物大约有 150 万种。准备好了吗，让我们一起走进这丰富多样的动物大世界吧！

二 森林、湿地的主人

郁郁葱葱的大森林，是各种野生动物繁衍生息的家园。它们都是森林的主人。

孟加拉虎是森林里的"独行侠"，它们肌肉发达，行动敏捷，长着锐利的牙齿和爪子，令人望而生畏。

除了凶猛的老虎外，森林里还有许许多多其他动物，如红毛猩猩、巨嘴鸟等。

红毛猩猩非常聪明，它们甚至学会了使用一些简单的工具。平时，它们总是待在树上，几乎很少下地。

在茂密的大森林里，如果你仔细寻找，还能发现孔雀、凯门鳄和树蛙的身影。

全世界所有的鸟类中，巨嘴鸟的嘴巴是最大的。它们的嘴巴虽然看起来很笨重，其实非常轻盈。

孔雀是森林里著名的"舞蹈家"。当孔雀开屏时，它们的尾巴就像五彩斑斓的扇子，美丽极了。

凯门鳄性情凶猛，总是悄悄躲在水里，伺机捕捉到水边喝水的小动物。其实，它们并不是鱼，而是一种古老的爬行动物。

经常生活在树上的树蛙，竟然还能在空中滑翔呢！真是太有趣了！

啄木鸟、金丝猴、欧亚红松鼠、棕熊、赤狐、驼鹿等，
也是森林中的常住居民。

啄木鸟

被人们称为"森林医生"的啄木鸟，长着又长又尖的嘴巴和极其灵巧的舌头。它们经常攀在树干上，这里敲敲，那里敲敲，寻找里面的害虫，为大树"治病"。

金丝猴

金丝猴一年四季都披着一身金灿灿的"衣裳"，各种新鲜的野果是它们最喜欢的美食。

欧亚红松鼠

欧亚红松鼠体型小巧，常常在大树上跳来跳去，是跳跃的"森林精灵"。它们还是勤劳的收藏家，贮藏坚果是它们最大的爱好。

棕熊身材高大，大部分体长超过 2 米，站起来比一个成年人还要高。它们喜欢吃各类浆果，要是发现了蜂蜜，更是馋得直流口水。

赤狐广泛分布于世界各地，它们动作敏捷，善于奔跑，速度约为 50 千米／时。白天，它们总是在睡大觉，到了晚上才出来觅食。

小朋友，你知道吗？成年雄性驼鹿拥有鹿类中最大的角，长度超过 1 米，形状就像一把大铲子。

湿地通常是指那些地表过湿或经常积水、生长湿地生物的地区。

作为湿地鸟类的代表，丹顶鹤长着一身洁白的羽毛，头上还有一个红顶，犹如一位美丽的仙女，所以又被称为"仙鹤"。你知道吗？其实它们的红顶是皮肤，而不是羽毛。

渔猫、河狸、蟾蜍等，也是很常见的湿地动物。

渔猫是一种很神奇的猫，它们的脚趾间竟然长有一层蹼，非常适合游泳。

河狸的后肢趾间长着厚厚的蹼，这让它们成了潜水高手。更令人惊叹的是，它们还能在水里修建堤坝呢！

蟾蜍身上有许多小疙瘩，能分泌出黏液，使皮肤保持湿润。

总是喜欢躲在淤泥里的泥鳅，身上沾满了滑腻的黏液，想抓住它们可不容易。

瞧，湿地里那些披着一身红色羽毛的是什么动物？哦，原来是火烈鸟。远远看去，它们羽毛的颜色就像一团团熊熊燃烧的烈火。

翠鸟是一位出色的"渔夫"，它们总是像闪电一样冲入水中捕捉猎物。即便在水里，它们也能轻松捕到机警的鱼儿。

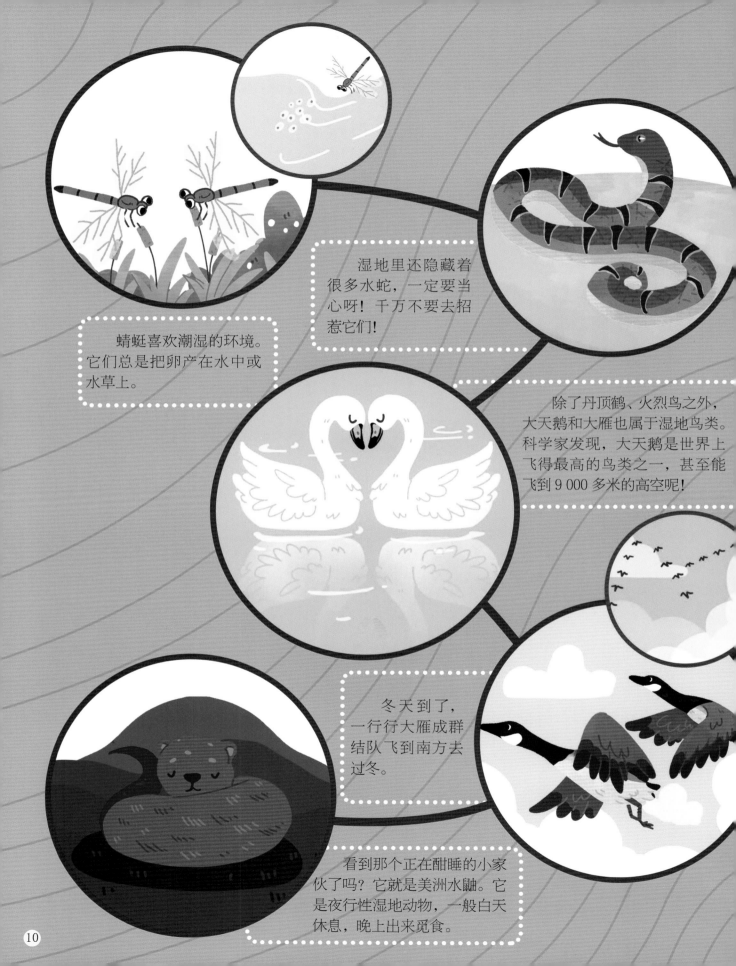

蜻蜓喜欢潮湿的环境。它们总是把卵产在水中或水草上。

湿地里还隐藏着很多水蛇，一定要当心呀！千万不要去招惹它们！

除了丹顶鹤、火烈鸟之外，大天鹅和大雁也属于湿地鸟类。科学家发现，大天鹅是世界上飞得最高的鸟类之一，甚至能飞到 9 000 多米的高空呢！

冬天到了，一行行大雁成群结队飞到南方去过冬。

看到那个正在酣睡的小家伙了吗？它就是美洲水鼬。它是夜行性湿地动物，一般白天休息，晚上出来觅食。

布偶猫

缅因猫

暹罗猫

很多人都喜欢饲养小猫、小狗、小乌龟等宠物。宠物猫品种繁多，有缅因猫、布偶猫、暹罗猫等。在漆黑的夜里，猫咪们的视力可是超强的哦！

巴西红耳龟是杂食性动物，它们爬行时总是静悄悄的，可能是担心吓跑猎物吧。

孔雀鱼

接吻鱼

珍珠鱼

月光鱼

还有人喜欢饲养各种观赏鱼，如孔雀鱼、接吻鱼、月光鱼、珍珠鱼等，都深受人们喜爱。

荷兰垂耳兔也是深受人们青睐的宠物。它们性情温顺，胆子很小。

七彩变色龙不是龙，而是一种奇特的宠物蜥蜴。它们皮肤的颜色可以随环境的变化而改变，非常神奇。

宠物狗种类繁多，其中有一种叫"贵宾犬"的狗，聪明极了。经过系统训练，只要主人打个手势，它们就能心领神会，做出各种好玩的动作。

鹦鹉种类繁多，形态各异，羽毛艳丽，是风度翩翩的"鸟中绅士"。它们十分聪明，不仅"能说会道"，而且善于学习，经过训练后可以模仿人类的语言，并能够进行简单的对话。

小巧玲珑的仓鼠，也是人们经常饲养的宠物之一。

小朋友，你参观过农场吗？除了来来往往的工人，那里还有各种各样新奇有趣的动物。

据估算，一头奶牛一天最多能产 40 千克牛奶。

马儿跑起来就像一阵风，嘿嘿，你知道吗？它们竟然是站着睡觉的。

在农场里，你还会见到许多绵羊，它们毛发浓密，看起来有些臃肿。再告诉你一个小秘密，它们的瞳孔竟然是长方形的！

当然，农场里自然少不了猪、鸡、鸭、鹅等动物啦！负责看管它们的是聪明的牧羊犬。牧羊犬十分忠诚，从不让主人失望。

胖嘟嘟的小猪，看起来很笨拙，但嗅觉灵敏，就算把食物深埋在地下它们也能轻松找到。它们还喜欢在泥里打滚，以便赶走讨厌的蚊子和苍蝇。

鹅和鸭子的样子有点相似，它们都善于游泳，只不过鹅的个头更大。它们的翅膀强壮有力，甚至可以在空中滑翔。

鸡的食物是谷物和虫子，有时它们也会吃一些小石子。是它们饿坏了吗？才不是呢！是因为小石子可以磨碎坚硬的食物，帮助消化。

鸭子和鸡不同，它们脚上长着蹼，善于游泳。它们的羽毛上有一层特殊的油脂，即使进入水中也不会弄湿。

四 草原、荒漠和极地的生灵

光看名字，就知道非洲草原象生活在哪里了。大象是地球上最大的陆生动物，而非洲草原象则是其中最高大的成员，有的体长超过 7 米。它们的长鼻子强壮有力，既能吸水，又能将食物送进嘴里，而且能轻松卷起重物，真是太神奇了！

大草原也是长颈鹿的家园。长颈鹿是世界上最高的陆生动物。它们的脖子实在太长了，占身高的一半。

除此之外，大草原上还生活着叉角羚、斑马、狮子等动物。

叉角羚是著名的"跑步健将"，非常善于奔跑，速度最快可达 100 千米 / 时。而且，雄性叉角羚脾气暴躁，经常为争夺地盘大打出手。这时，巨大的角就成了它们攻击对方的利器。

斑马身上的条纹非常独特。你知道吗？其实那是它们的保护色。除此之外，条纹还有防蚊虫叮咬的作用。

狮子是群居动物。一个狮群，通常由一头雄狮、几头雌狮和几只幼狮组成。雄狮长着长长的鬃毛，看起来可威风了。狮子是真正的"草原霸主"。

小朋友，你是否觉得，气候干燥、炎热少雨的荒漠一定是死气沉沉的？事实并不是这样的，荒漠里也生活着许多有趣的动物。

荒漠中的狐獴是群居动物。它们常常站直身子，警惕地观察周围的动静，非常机警。

以色列金蝎，栖居在中东和北非干燥的沙漠里，它们以凶残的习性和剧毒的尾刺令敌人闻风丧胆。

提起沙漠，你一定会想起沙漠之舟 —— 骆驼吧。

骆驼是一种很神奇的动物，它们既耐干旱，又耐饥饿。骆驼背上有 1~2 座"小土包"——驼峰，里面储存着大量脂肪。即使完全没有水，它们也能在干旱的沙漠里存活两个星期。

耳廓狐是一种非常可爱的小动物，它们的耳朵非常大，可以快速散热。

沙漠里降水稀少，可旱地沙蜥不用喝水也能生存下去。只要有足够的食物，它们就可以补充水分了。

在异常寒冷的北极和南极地区，也生活着许多野生动物，包括北极狐、一角鲸和海象等。

每当找不到食物时，北极狐就跟在北极熊的后面，捡它们吃剩下的食物。

高大魁梧的北极熊，是陆地上最大的肉食动物，海豹则是它们最主要的猎物。

北极兔依靠极其灵敏的嗅觉，可以找到隐藏在厚厚的积雪下的食物。

一角鲸并没有角，我们看到的"角"其实是它们的牙齿，长达两三米，还从头顶上露出来，就像一根角一样。

海象长着一对像象牙一样巨大的犬齿，并因此而得名。

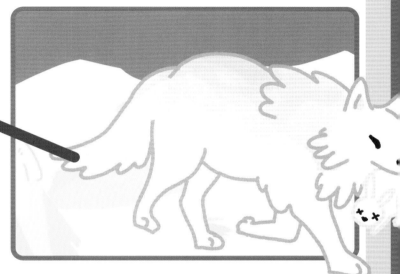

北极狼因为居住在荒凉的北极而得名。它们大多披着一身白色或灰色的皮毛，与所栖息环境相似，以此作为掩护。

北极狼是麝牛的天敌。一旦遇到危险，成年麝牛就会把小麝牛围在中间，保护它们的安全。

南极贼鸥是著名的小偷，它们经常偷走企鹅的蛋，或者将小企鹅叼走。

在南极的企鹅家族中最常见的是黑白相间的阿德利企鹅。

帝企鹅是世界上体型最大的企鹅。通常帝企鹅妈妈5月份产蛋，然后由帝企鹅爸爸负责孵化。

凤头黄眉企鹅体型小巧，它们的眼睛上方和耳朵两侧都长着金黄色的翎毛。

你知道世界上数量最多的动物是哪种吗？原来是小小的南极磷虾。

五 海洋动物王国

浩瀚无边的海洋里，生活着许许多多的动物，它们就像天上的星星，数也数不清。

生活在浅海中的旗鱼，游动速度快得惊人，最快接近200千米/时！

每当遇到危险时，乌贼就会喷出浓黑的墨汁，然后趁敌人不知所措时，逃之夭夭。

满口尖牙利齿的虎鲸，是名副其实的"海中霸王"。

暗色天竺鲷又称"喷火鱼"，是大西洋中一种很神奇的鱼类。其实，暗色天竺鲷是不会喷火的，那些喷出的"火"是闪闪发光的介形虫。

飞鱼的鱼鳍，如同鸟儿的翅膀一样，使它们能在海面上连续滑翔。

珍珠贝体内能够形成晶莹的珍珠。

海胆身上长着锐利的尖刺，它们大多栖息在岩石、珊瑚礁附近。有些海胆是黑色的，有些则是紫色的，还有一些是棕色的。

珍珠贝是软体动物，大多生活在热带或亚热带海洋中，以浮游植物和微生物为食。

刺海马虽然属于鱼类，却不善于游泳。为了免于被水流冲走，它们不得不把尾部紧紧勾在珊瑚的枝节或者海藻的叶片上。

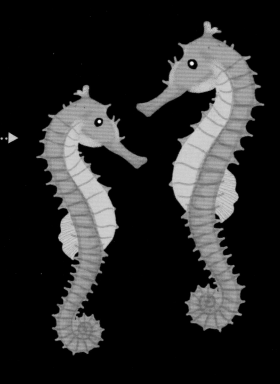

令潜水员望而生畏的箱水母，拥有60多条触须，每一条都长达3米，且长满了毒刺。

珊瑚虫是一种非常微小的海洋动物。大量珊瑚虫的外骨骼堆积在一起，会形成多姿多彩的珊瑚。

在海边的礁石上，常常能看到海星的身影。你知道吗？一只海星被切成两半后，居然可以变成两只完整的海星！

长着坚硬外壳的绿海龟，主要食物是海藻和海草。到了产卵期，雌性绿海龟就会爬到海滩上产卵。

生活在海底的海葵，宛如一朵朵盛开的鲜花。它们的触手上长满了倒刺，能分泌毒素。它和小丑鱼是亲密的伙伴。小丑鱼负责把猎物引到海葵身边，供其捕食，而海葵则为小丑鱼提供保护。

地球上最大的肉食性鱼类是大白鲨，体长约为6米，性情凶残，海狮、海豹和其他鲨鱼，都是它们的盘中餐。

河鲀也是著名的海洋鱼类，一些河鲀身上长满了尖刺，就像刺猬一样，让敌人望而却步。

鳐鱼的样子非常怪异，身体扁平，眼睛长在头顶上，嘴巴和鼻子却跑到了身子下面。你知道吗？一些鳐鱼的尾巴上还长着毒刺呢！

幼年狮子鱼的身体是半透明的，长大后会逐渐显现出绚丽多彩的斑纹。

下面，我们再去深海看一看吧！

生活在这里的深海龙鱼，下颌上长着一个闪闪发亮的东西，仿佛黑夜里的一盏小灯笼。

巨型乌贼体长可达20米，重约2吨，是世界上现存最大的无脊椎动物。它们性情凶猛，主要以鱼类和无脊椎动物为食。

鹦鹉螺在五亿年前就已经潜伏在深海生活了，是名副其实的"活化石"。

小飞象章鱼、软隐棘杜父鱼、巨螯蟹、宽咽鱼、长吻银鲛、蝰鱼等，也是深海的神秘居民。

小飞象章鱼

软隐棘杜父鱼

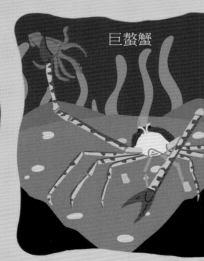
巨螯蟹

还有一种黑柔骨鱼，居然可以发出红光，在漆黑的海洋里为自己照明。

在500~5 000米深的海底深处，才能见到鮟鱇。它们的头顶上，也有一盏闪闪发光的"小灯笼"。它们就是利用这盏"小灯笼"来吸引猎物的。

宽咽鱼

长吻银鲛

蝰鱼

小飞象章鱼的样子十分可爱，长着一对像大象耳朵一样的鳍，真是太有趣了！

软隐棘杜父鱼也叫"水滴鱼""波波鱼"，它们没有骨骼和肌肉，全身呈凝胶状。更奇妙的是，它们虽然是鱼类，体内却没有鱼鳔。

生活在日本附近的太平洋海域深海的巨螯蟹，是世界上最大的螃蟹。它们的爪子展开，可覆盖3米直径的范围，样子就像一只超级大蜘蛛。它们性情凶猛，动作敏捷，还曾经袭击过渔民。在繁殖季节，巨螯蟹会游到浅海水域产卵。

你听说过宽咽鱼吗？它们是一种较少见的深海底栖鱼类，又叫"吞噬鳗"。它们的眼睛很小，捕猎时主要依靠尾部发出的红光来引诱猎物靠近。

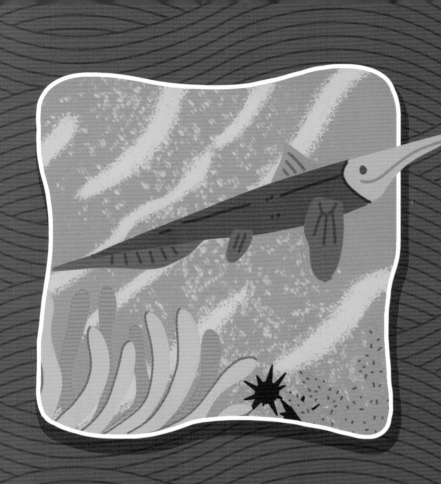

长吻银鲛是栖息于深海的软骨鱼类，体长可达2米，雌性比雄性更大。它们诞生于侏罗纪时期，是世界上最古老的物种之一。

蝰鱼是栖息在海洋深处的凶猛猎食者，同时也是极具代表性的深海发光鱼类，它们身体细长，还长着锐利的獠牙，所以也被称为"毒蛇鱼"。

六 动物保护

和人类一样，动物也是这个世界的主人，是我们的朋友。

可是，很多人不懂得爱护动物。他们肆意砍伐森林里的树木，使森林里的小动物失去了家园。

人类随意破坏自然环境，结果造成严重的生态危机，甚至导致大量动物死亡。

为了一己私利，人类疯狂地伤害各种动物，严重破坏了生态平衡。

我们必须认识到，大自然中的众多动物和我们一样，都是地球的主人。

由于人类大肆捕杀和环境恶化等一系列原因，不少物种已濒临灭绝。

北半球

北美洲的美洲鹤、北美虎猫等

美洲鹤

北美虎猫

西班牙和葡萄牙伊比利亚半岛上的西班牙猞猁

西班牙猞猁

白头叶猴

阿拉伯剑羚

中华穿山甲

苏门答腊虎

大熊猫

扬子鳄

亚洲的白头叶猴、阿拉伯剑羚、苏门答腊虎、大熊猫、扬子鳄、中华穿山甲等

北部白犀

山地大猩猩

地中海猕猴

非洲的地中海猕猴、北部白犀、山地大猩猩等

南半球

南美洲的查克安野猪、黄金箭毒蛙等

黄金箭毒蛙

查克安野猪

大洋洲的黄眼企鹅、白胸狐蝠等

白胸狐蝠

黄眼企鹅

大熊猫是中国特有物种，主要分布在四川省、陕西省和甘肃省的山区，被誉为"中国国宝"。目前，大熊猫已被列入《中国国家重点保护野生动物名录》。据统计，目前全世界的大熊猫仅存 2 600 多只。

辽阔的海洋中的动物也无法幸免，除了蓝鲸之外，太平洋中的海獭、小头鼠海豚，太平洋和印度洋中的儒艮，以及北冰洋中的裸海蝶等，也已陷入濒危境地，亟须人类的保护。

海獭

小头鼠海豚

儒艮

裸海蝶

为了我们共同的家园，请一定要好好保护动物！

图书在版编目 (CIP) 数据

动物王国 / 尹传红主编；苟利军，罗晓波副主编 .
成都 : 四川科学技术出版社，2024.11. -- (中国少儿
百科核心素养提升丛书). -- ISBN 978-7-5727-1633-1

Ⅰ . Q95-49

中国国家版本馆 CIP 数据核字第 20257GE771 号

中国少儿百科　核心素养提升丛书
ZHONGGUO SHAO'ER BAIKE HEXIN SUYANG TISHENG CONGSHU

动物王国
DONGWU WANGGUO

主　　编　尹传红
副 主 编　苟利军　　罗晓波
出 品 人　程佳月
责任编辑　陈　丽
助理编辑　余　昉
营销编辑　杨亦然
选题策划　陈　彦　　鄢孟君
封面设计　韩少洁
责任出版　欧晓春
出版发行　四川科学技术出版社
　　　　　成都市锦江区三色路 238 号　邮政编码 610023
　　　　　官方微博 http://weibo.com/sckjcbs
　　　　　官方微信公众号　sckjcbs
　　　　　传真 028-86361756
成品尺寸　205mm × 265mm
印　　张　2.25
字　　数　45 千
印　　刷　文畅阁印刷有限公司
版　　次　2024 年 11 月第 1 版
印　　次　2025 年 1 月第 1 次印刷
定　　价　39.80 元

ISBN　978-7-5727-1633-1

邮　　购：成都市锦江区三色路 238 号新华之星 A 座 25 层　邮政编码：610023
电　　话：028-86361770